小学童 探索百科博物馆系列

沙漠骆驼

小学童探索百科编委会·著
探索百科插画组·绘

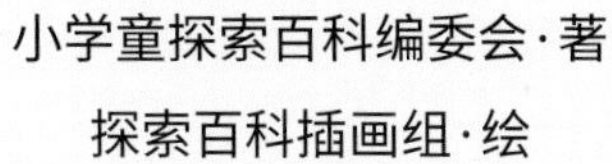

目 录

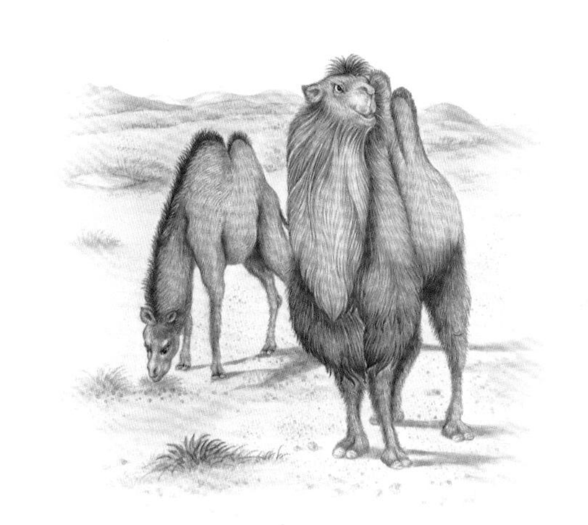

小小的学童，大大的世界，让我们一起来探索吧！

我们是探索小分队，将陪伴小朋友们一起踏上探索之旅。

我是爱提问的
汪宝

我是爱动脑筋的
咪宝

我是无所不知的
龙博士

“驼”字的来历

骆驼，大多有高高的个子、健壮的身体和如同小山般的驼峰，四肢强壮有力，能驮很重的东西，还能好几天不吃不喝，所以它们很早就成了帮助人们穿行沙漠的好伙伴，也被称为“沙漠之舟”。

在中国古代，骆驼这种新奇动物是通过丝绸之路的商贸往来才被大家所认识的，所以“驼”字出现得比较晚，我们一起来看看吧。

驼

左边 马：为“马”形，指像马一样高大，能骑能驮东西，并且也长有蹄子的动物。

右边 它：“它”在古时也读 tuó，在这里用来表示读音。

能在荒漠中驮物载人的有蹄动物，这就是骆驼。

“骆”字原指黑鬃 (zōng) 黑尾的白马，现在和“驼”字组合，用于“骆驼”一词。现在，我们就一起去了解一下骆驼吧。

汉字小课堂

“丝绸之路”是古时由我国通向中亚和欧洲的一条商贸往来的通道，最初主要的贸易商品是我国的丝绸，因此得名。

丝绸之路要穿越广阔的沙漠戈壁，骆驼就成了最重要的交通工具，人们把它们叫作“沙漠之舟”，意思是指骆驼就像在茫茫沙海中航行的船一样。

汉字演变

小篆	隶书	楷书（繁）	楷书（简）
[小篆字形]	駝	駝	驼

高大又健壮，背有小山峰

面对大风沙，丝毫不退缩

我就是沙漠之舟——骆驼

骆驼的身体有什么特点?

骆驼的外形比较特别，高大的身躯披着浓密的毛发，背上还背着“小山峰”，特别适合在荒漠地区生活。

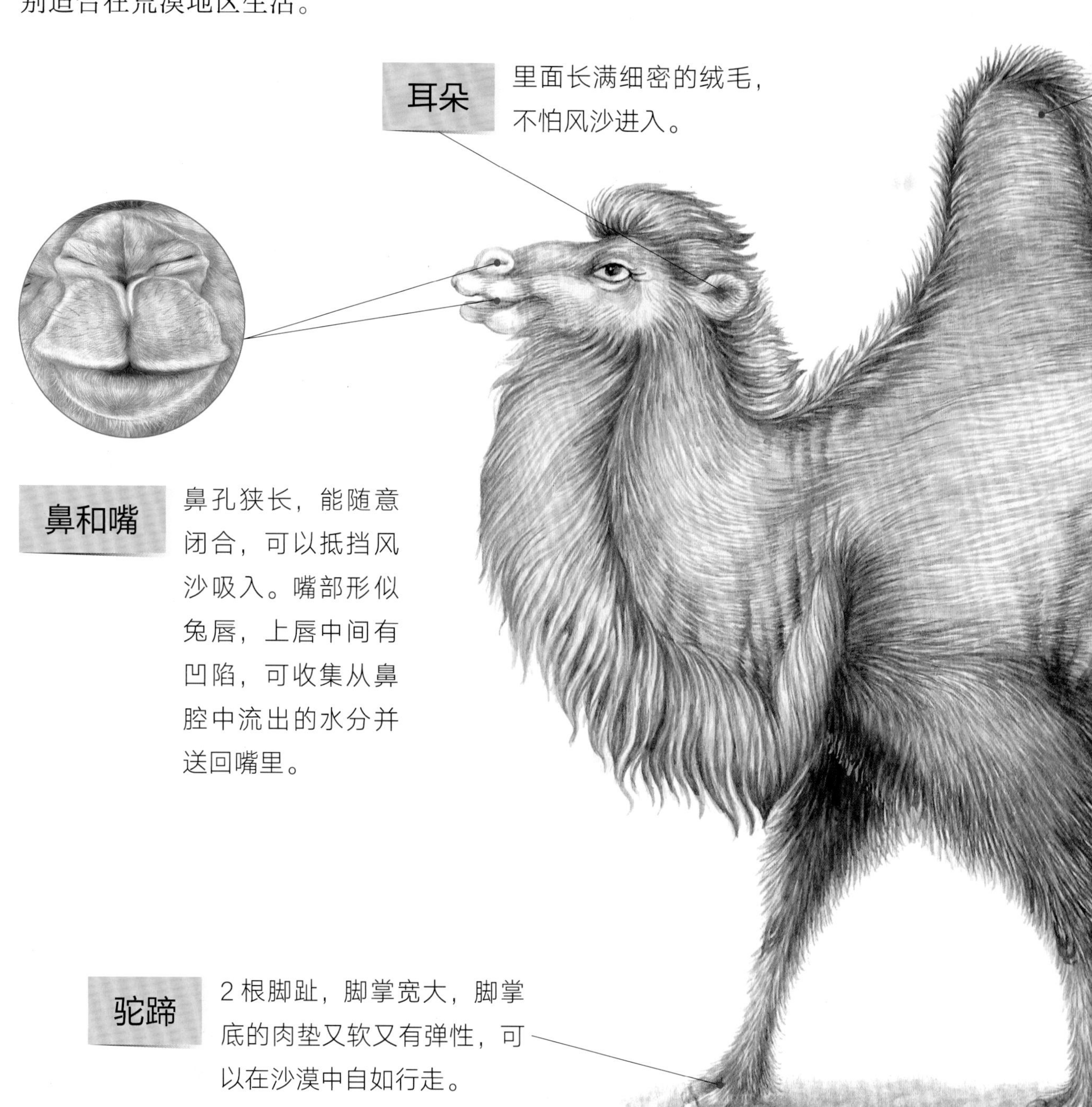

耳朵
里面长满细密的绒毛，不怕风沙进入。
鼻和嘴
鼻孔狭长，能随意闭合，可以抵挡风沙吸入。嘴部形似兔唇，上唇中间有凹陷，可收集从鼻腔中流出的水分并送回嘴里。
驼蹄
2根脚趾，脚掌宽大，脚掌底的肉垫又软又有弹性，可以在沙漠中自如行走。

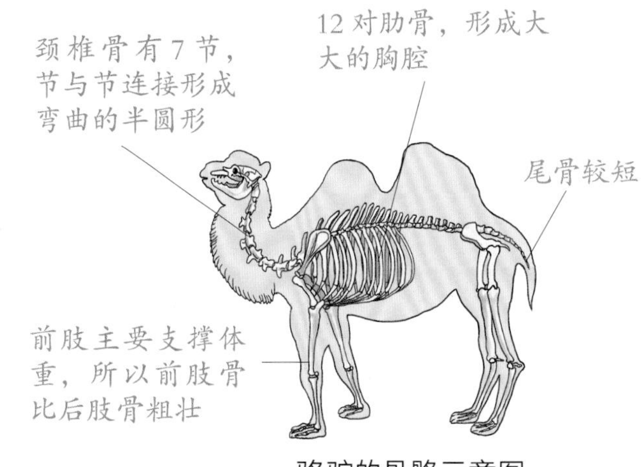

骆驼的骨骼示意图

驼峰 像小山，顶上长有浓密的毛，可以起到保持体温恒定和提供能量的作用。

皮毛 由粗长毛和绒毛组成，即使零下三四十度也不怕冷。

双峰驼

尾巴 又粗又短，末端长着长毛。

角质垫 是身上的老茧，分布在骆驼的膝、肘、胸等处，可以在骆驼跪卧时起支撑身体的作用。

骆驼最初来自哪里？它们的背上都长有驼峰吗？

在 1100 万年至 900 万年前，骆驼的祖先生活在北美洲，后来它们向南美洲、亚洲和非洲等地迁移。因为这些地方的环境和气候都不一样，于是骆驼就慢慢进化成不同的样子：

- 进入南美洲山区的骆驼，为了适应山地生活进化成了没有驼峰、体形较小的羊驼家族，包含原驼、驼羊、羊驼、骆马。
- 迁移到亚洲寒冷荒漠地带的骆驼，为了适应当地寒冷的气候和冰天雪地、狂风呼啸的环境，需要更多的脂肪、更

生活在非洲沙漠中的单峰驼。它们的腿很长，主要是为了避开地面的热浪。
生活在南美洲山区的驼羊。它们没有驼峰，擅长攀山登高。

厚实的皮毛，所以就进化成了四肢粗短结实、身披“大衣”的双峰驼。

- 迁移到非洲北部和阿拉伯地区的骆驼，虽然不需要太多脂肪来抗寒，但为了应对炎热的沙漠，需要卷曲的短毛来防晒和隔热，还需要大长腿来让身体避开地面吹起的热浪，于是，就进化成了身高、腿长、毛短的单峰驼。

生活在亚洲寒冷荒漠中的双峰驼。它们身上披着厚厚的“毛大衣”，能够抵御严寒。
看，我的毛大衣漂亮吧！

骆驼的驼峰里装的是水吗？

很多小朋友以为骆驼能在沙漠和戈壁中长时间跋涉，是因为它们背上的驼峰里装满了水，可以让它们随时补充水分。这可不对啊！

骆驼的驼峰里装的并不是水，而是厚厚的脂肪。骆驼在水草充足的地方，会大吃大喝，然后把食物转化成脂肪贮存在驼峰里，驼峰也因此变得挺立饱满。当骆驼饥饿时，驼峰里的脂肪会分解成身体所需要的营养、能量和水分，这样，骆驼就可以不吃东西也能继续行走啦。随着脂肪的消耗，驼峰会渐渐萎缩。不过，等骆驼补充水和食物后，驼峰就会再次挺立饱满起来。

骆驼背上的驼峰里储存的脂肪有时能达到50千克重。

一头健康的成年骆驼，吃饱喝足后可以坚持15~20天不吃不喝，有的甚至能坚持一个多月。

这回我明白啦。原来我以为它们的驼峰里装的是水呢。

天哪！骆驼能穿越这么大的沙漠，全靠驼峰里贮存的脂肪啊！

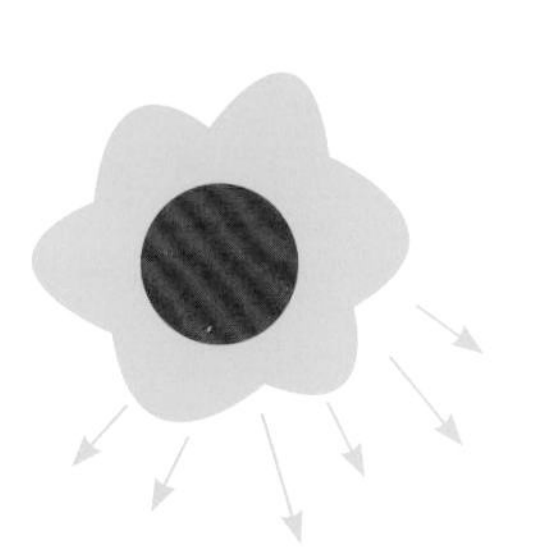

驼峰能够帮助骆驼抵挡荒漠中强烈的太阳光，并使心脏和肺等内脏器官的温度不会过高。

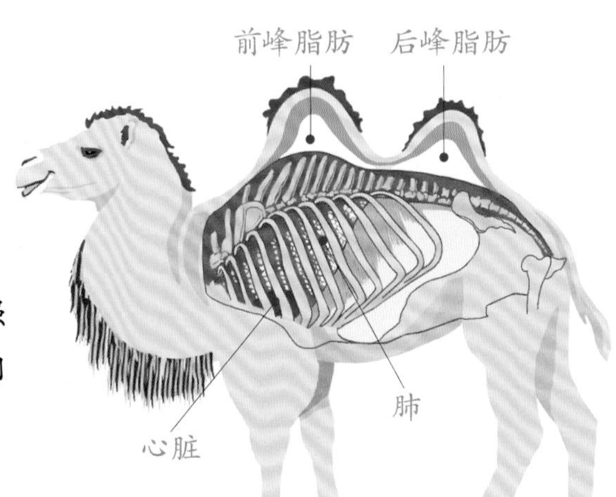

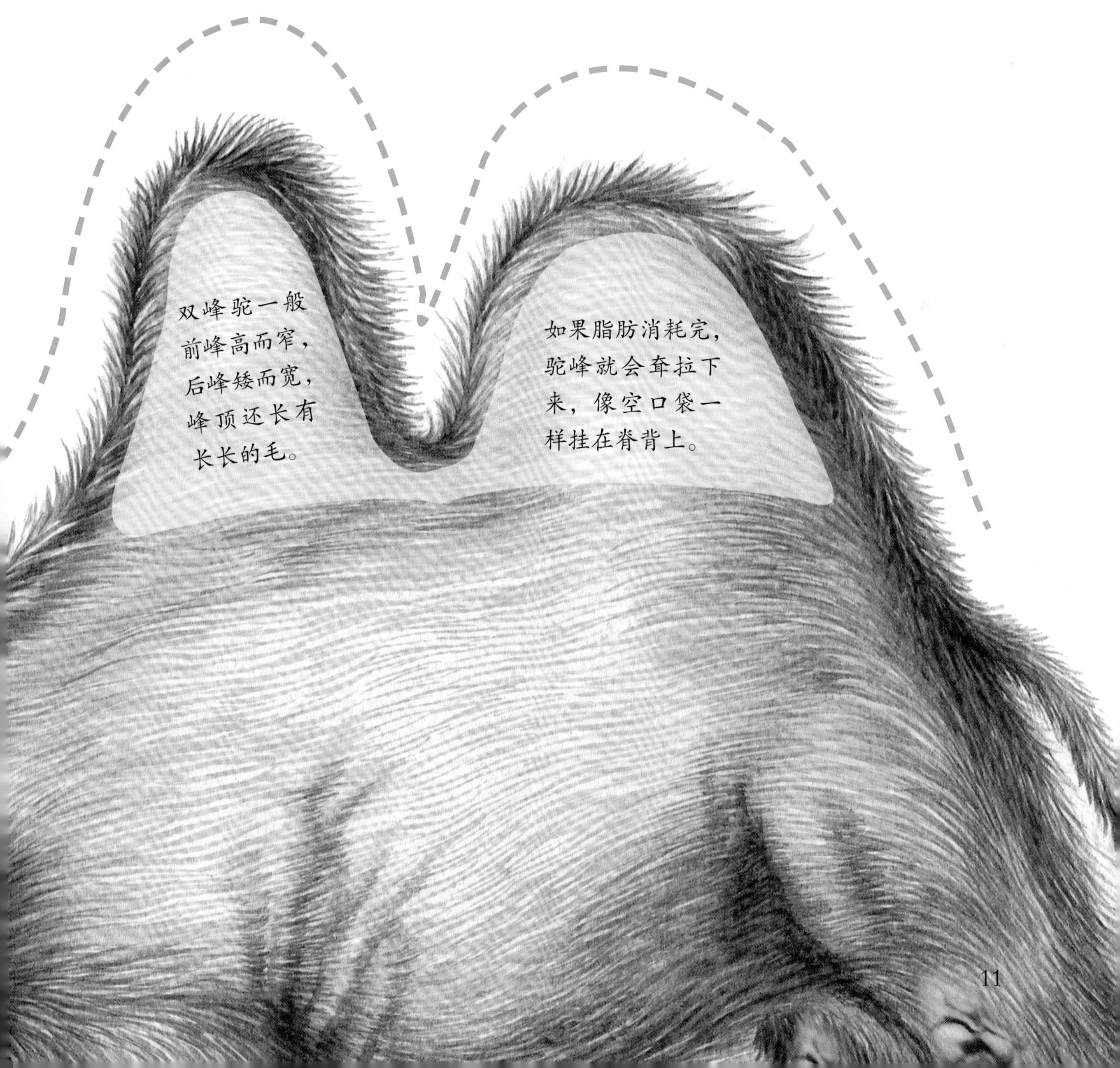

双峰驼一般前峰高而窄，后峰矮而宽，峰顶还长有长长的毛。

如果脂肪消耗完，驼峰就会耷拉下来，像空口袋一样挂在脊背上。

为什么骆驼那么耐渴呢？

骆驼的驼峰里贮存的不是水，那么它们在沙漠中能半个月左右不喝水，在缺水的情况下还能行走 40 多天，又是怎么做到的呢？秘密就在于骆驼是节约用水的小能手：

- 骆驼在一分钟内可以喝下 10~20 升水，干渴的时候甚至一次就可以喝下近 130 升水（牧场蓄养的骆驼每天的饮水量一般为 4.5~30 升，因季节和草场的不同而变化），部分水贮存在胃部数十个像小瓶子一样的小水囊里。
- 骆驼血液中的红细胞吸水后可膨胀至原来体积的 240%，而失水到 40% 时也不会危及骆驼的生命（人类红细胞失水 10% 就可能危及人的生命）。
- 骆驼很少通过出汗来降低体温，能尽可能保留体内的水分。它们的体温在白天能随环境温度的升高而升高，可以达到 41℃，而在夜晚又能随之降低至 34℃左右。
- 骆驼的呼吸节奏很慢，在体内缺水时，鼻腔里的黏膜会收集呼出气流中所含的水分，并随着吸气将这些水分送回体内，这样就能在体内反复利用了。

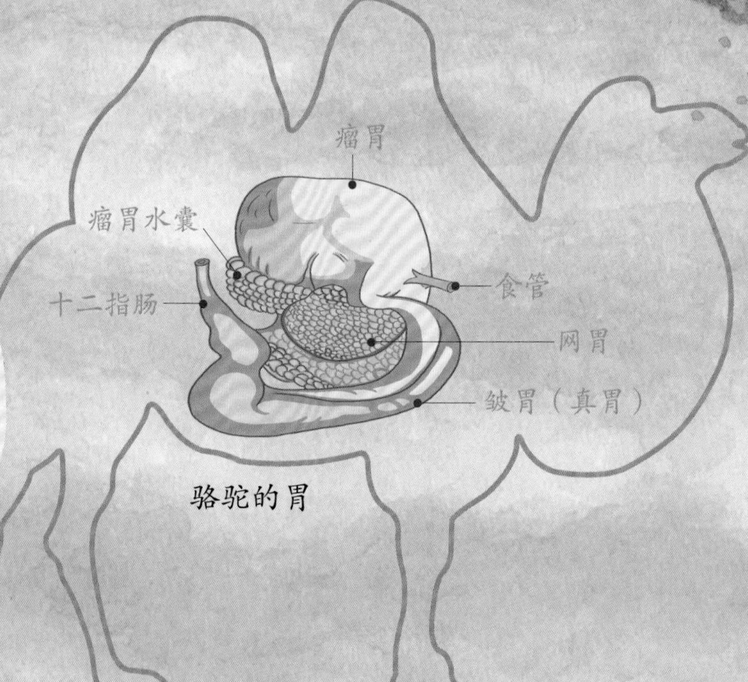

骆驼的胃

探索早知道

骆驼的胃分为瘤胃、网胃、皱胃。瘤胃附生 20 ~ 30 个瓶状的小泡泡，又叫水脬（pāo），是盛水的水囊。一头口渴的骆驼一次就能喝掉 130 升左右的水。

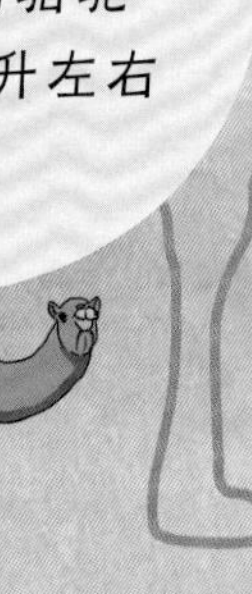

- 驼峰内的脂肪分解时，也会生成一部分水。
- 骆驼排的尿很少，粪便也十分干燥，可以减少水分的流失。

你看，骆驼就是采用了各种方式来节约用水，才能如此耐渴的。

为什么骆驼不怕沙漠中的风沙呢?

沙漠和戈壁滩经常狂风呼啸，沙土漫天，身处其境人连呼吸都困难，可是骆驼一点儿都不怕，因为它们有对付风沙天气的“秘密武器”:

- 骆驼的耳朵里长着浓密的绒毛，可以阻挡沙尘进入耳朵里。
- 骆驼有两层眼睑，比人类多了一个透明的内层眼睑。当风沙扬起时，长长的眼睫毛和双层眼睑会阻挡沙子吹到眼睛里。如果有沙子进到眼睛里，骆驼就会不停流泪，将沙子冲出来。
- 骆驼的鼻子结构更加奇特，在风沙天气里，鼻孔中的瓣膜能自由关闭，阻挡风沙钻进来。

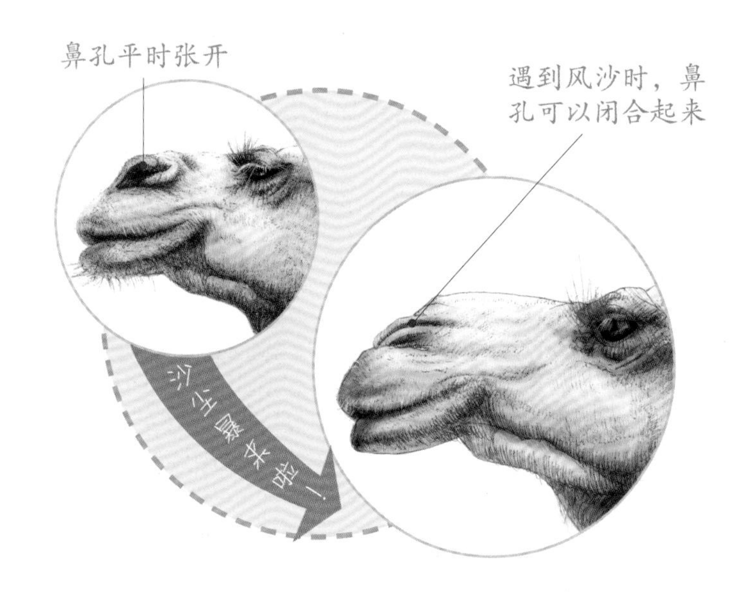

双层眼睑和两排又长又密的睫毛可以阻挡风沙进入眼睛

鼻子上的长毛也能阻挡风沙

口鼻周围的毛比较茂密，也能有效地阻挡风沙

骆驼体内需要的氧气量并不太多，而且鼻腔内壁上有许多皱褶和细密的纤毛，即使鼻子张开呼吸时，也能阻挡风沙的进入。

骆驼鼻子闭合了，它们还怎么呼吸空气呢？会不会缺氧呢？

双峰驼头部的毛很多，很
适合在寒冷的冬季保暖
耳朵里长满绒
毛，可以阻挡
风沙进入

为什么骆驼在沙漠行走时，脚不会陷进沙子里呢?

我们人光脚走在沙漠里时，脚常会陷进松软的沙子里。那么，骆驼又高又大，背上还驮着几百千克重的东西，它们的脚也会陷进沙子里吗?

答案是不会。骆驼在沙漠里行走自如，靠的就是骆驼那双独特的大脚掌。它们的脚掌下长着又宽又厚又有弹性的角质层，就像肉垫子一样。这样的大脚掌与沙子的接触面积很大，骆驼的重量就被分散开了。这就与一根细棍子能被轻易插入沙子里，而一块木板很难被压进沙子里是一个道理，所以骆驼的脚不会陷进沙子里，这也是它们被称之为“沙漠之舟”的原因之一。

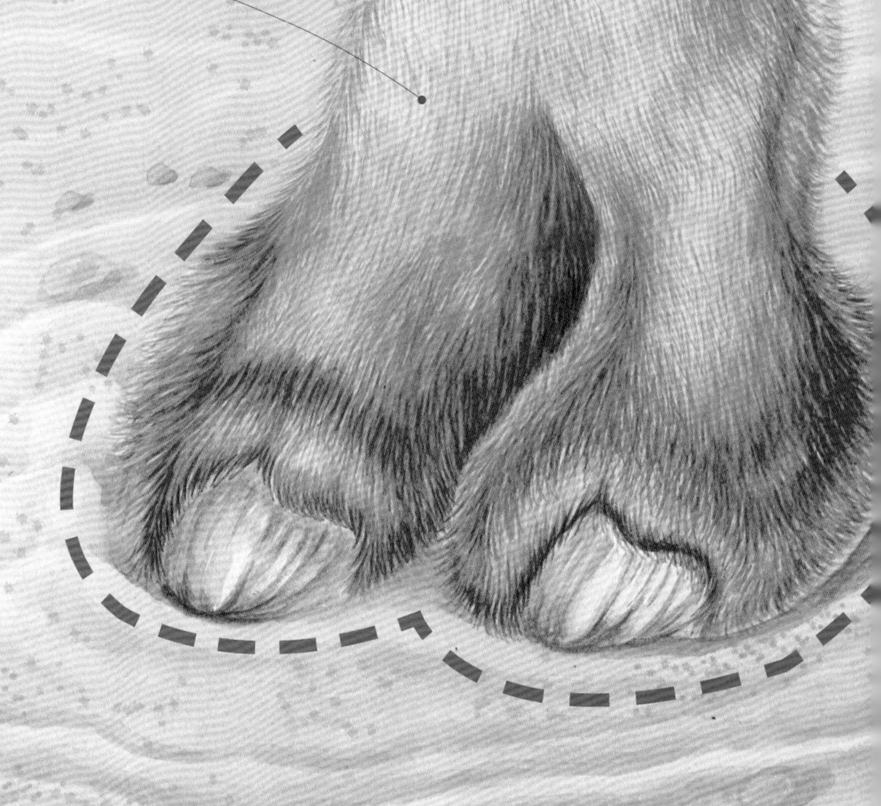

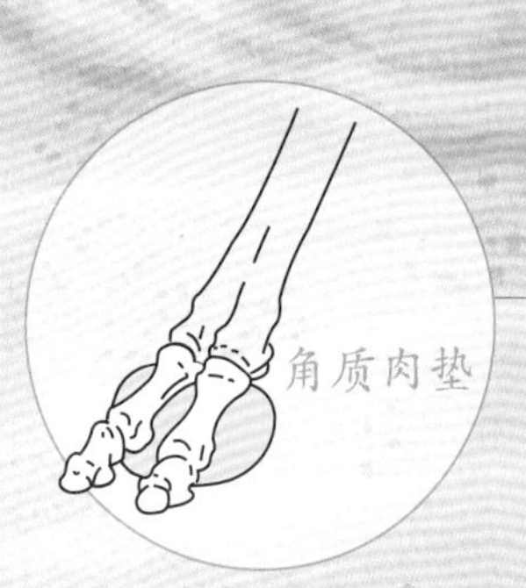

骆驼的脚掌分成了两半蹄，各有一根粗大的趾骨，趾骨后侧垫着角质肉垫，所以，骆驼走路时是踮着脚趾的。

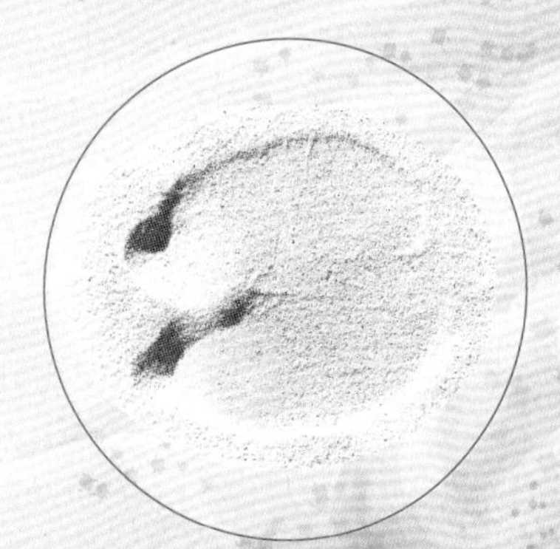

骆驼的蹄印约是马蹄印的 3 倍大。

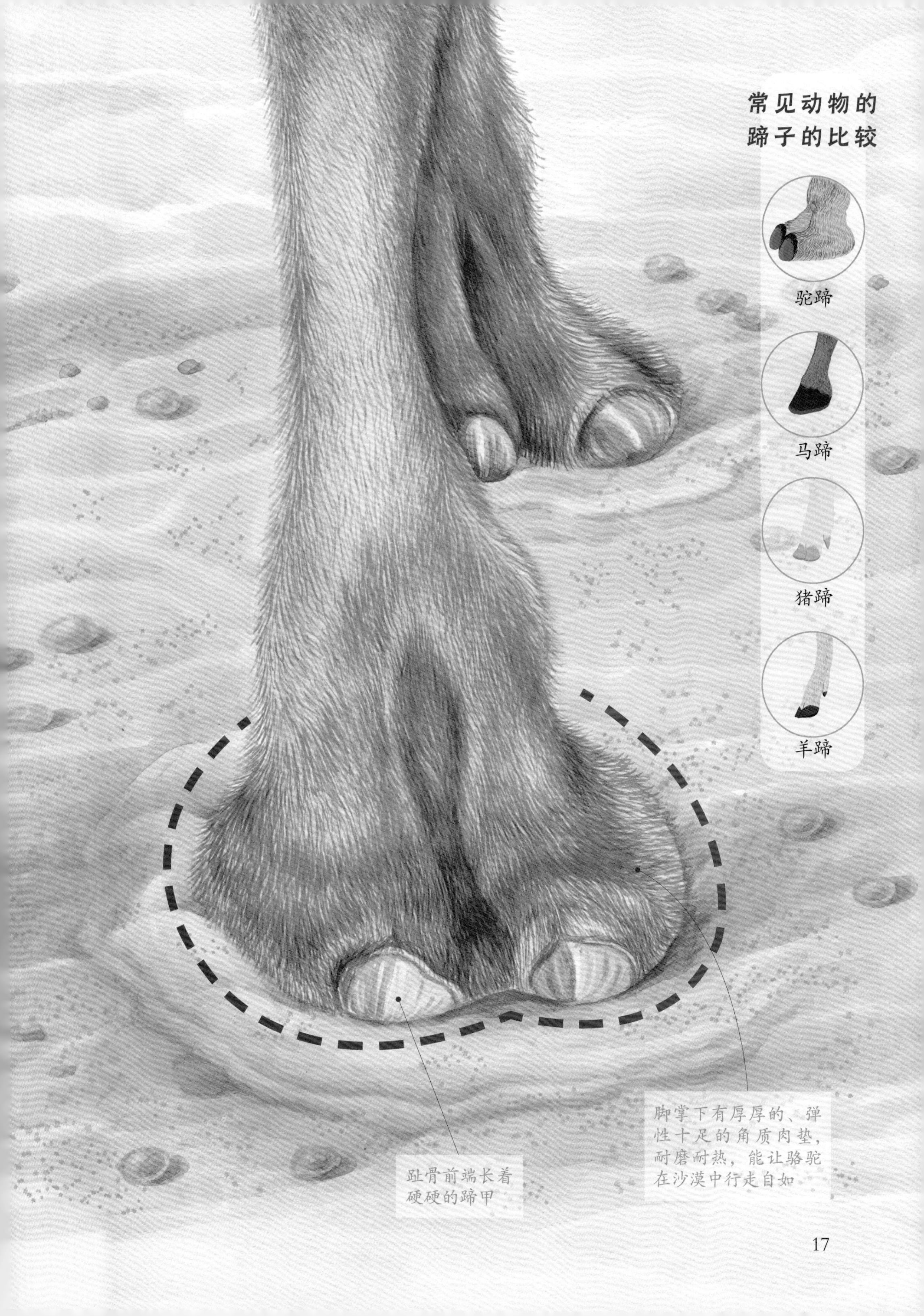

常见动物的
蹄子的比较
驼蹄
马蹄
猪蹄
羊蹄
趾骨前端长着
硬硬的蹄甲
脚掌下有厚厚的、弹
性十足的角质肉垫，
耐磨耐热，能让骆驼
在沙漠中行走自如

下雪啦……
看，双峰驼冬季穿
的“毛大衣”还不错吧？
它可以抵抗极寒的天气。
双峰驼脖子下缘的毛在
冬天能长到 40~50 厘
米长。

双峰驼身上的毛为什么又长又厚？它们会一直穿着这件“毛大衣”吗？

双峰驼生活的地方冬季非常寒冷，气温常常会降到 -40℃ ~-30℃，这时它们就会披上厚实的驼毛“大衣”。这件“毛大衣”由外层的长毛和内层的绒毛构成，非常暖和；而且峰顶和脖子上下缘处也都长着又长又粗的长毛，可以抵御迎面吹来的凛冽寒风。到了春季，天气变暖后，骆驼就要脱下这件“毛大衣”了，脱毛的时间大致会从 5 月开始，一直持续到 7 月。它们身体不同部位脱毛的时间不一样，所以骆驼身上常常挂着一片片脱下的毛毡，样子看着不怎么好看。等到夏季过后，骆驼又开始长出新毛，在冬季到来前，它们又会穿上一身新的“毛大衣”了。

换毛期的双峰驼，身上挂着毡片，样子不怎么好看。

骆驼是不是跑不快呢？它们为什么总是抬着头走路呢？

骆驼平时行走时，总是不紧不慢，一副悠闲的样子，双峰驼每小时行进 3~5 千米，跟人正常行走的速度差不多。有时为了赶路或躲避风沙，骆驼也会长时间小跑前进，速度可以达到每小时 10 千米，有时能达到每小时 30~40 千米。看上去，骆驼奔跑的速度似乎一般，不过当它们真正拔足飞奔起来，连善于奔跑的马都追不上，所以又有“沙漠飞驼”的美誉。繁殖期的雄骆驼在追逐雌骆驼或者赶走竞争对手时，奔跑速度可以达到每小时 70~80 千米。

骆驼总是抬着头走路，主要是因为它们的 7 节颈椎骨连接形成凹侧向上的半圆，使得它们的头平时都是昂起的，这样既可以避开地面强烈的阳光反射，保护眼睛，也可以更好地看清前方的道路。

虽然骆驼在草地上跑不过马，但如果在沙漠比赛，马就不是骆驼的对手了。因为马的蹄子硬，很容易就陷进沙子里，所以马在沙漠中跑不快，还常常会摔倒。

骆驼下沙丘时，不仅不会陷进沙子里，还能轻松慢跑呢。

走路的姿势：同手同脚

休息的姿势：四肢跪地

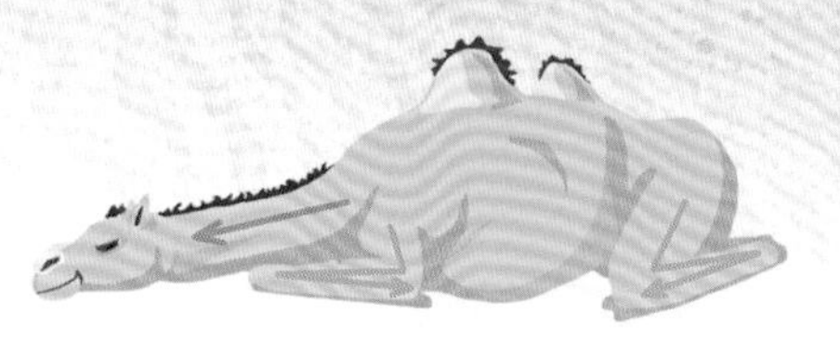

睡觉的姿势：头伸长趴下

驼群是怎么组成的？小骆驼会一直跟着骆驼妈妈吗？

在野外生活的驼群常由一头雄骆驼、几头雌骆驼和未成年的幼驼组成。每年冬季骆驼会进入繁殖期，雄骆驼之间会进行一场比拼，争夺雌骆驼。

雌骆驼每 2~3 年才生一次宝宝，怀孕时间也很长，需要一年多的时间（400 天左右），到了第二年的三四月份才会生下一头骆驼宝宝。通常骆驼宝宝在出生后 2 小时内便能站立起来，当天便能到处行走了。骆驼妈妈会一直照顾骆驼宝宝，直到它们大

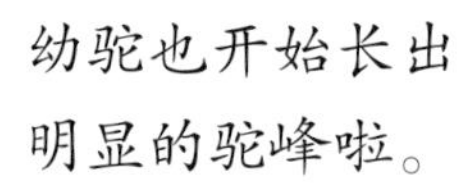

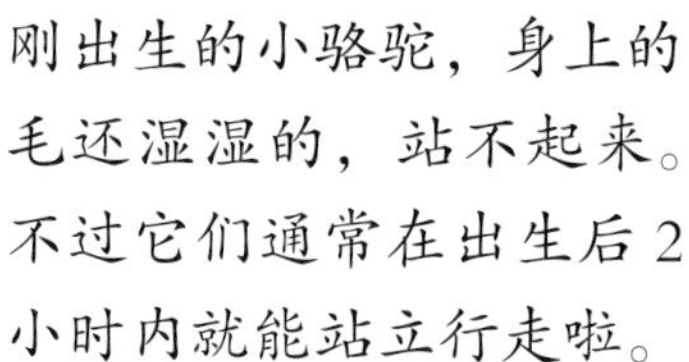

刚出生的小骆驼，身上的毛还湿湿的，站不起来。不过它们通常在出生后 2 小时内就能站立行走啦。
幼驼也开始长出明显的驼峰啦。
雄骆驼到 2 岁之后就会被逐出群外，通常靠打斗去争夺其他驼群的统治权。
骆驼的成长过程
骆驼老了，脸上的毛也变灰白了。
驼妈妈的奶水营养十分丰富，可以让小骆驼健康成长。

约长到 18 个月大。虽然骆驼到四五岁时才算成年，但一般雄骆驼会在 2 岁左右被赶出家门，自力更生。如果是家养骆驼，2 岁多便要开始接受主人的各种训练了。骆驼平均能活 30~50 年。

一般来说，骆驼的性情很温驯，但它们有时也会发火。如果你惹到它们，它们就会给你来个飞踹，还会怒吐口水。它们的口水可不是什么好东西，往往混合了胃中还没消化的食物，气味非常难闻。

两头雄骆驼争斗时，会把头部伸到对方的两腿之间，用力将对方绊倒后再用嘴撕咬。

为什么骆驼能吃仙人掌，它们不怕仙人掌的尖刺吗？

骆驼平时一点儿都不挑食，沙漠荒滩中那些带刺、带毛以及有强烈气味的植物它们基本都能吃，就连干茅草和芦苇它们也吃，更别说水分较多的仙人掌了。骆驼不怕仙人掌尖刺的秘密就在于它们那与众不同的口腔结构。骆驼的嘴唇很厚，舌头也很厚实，上颚很硬，口腔两侧内壁上长满如同大肉刺般的突起。这些突起能够防止仙人掌的尖刺划破口腔内壁，还能够帮助骆驼调整咀嚼的方向，使刺顺着喉咙吞下，然后通过胃液将这些刺消化掉。

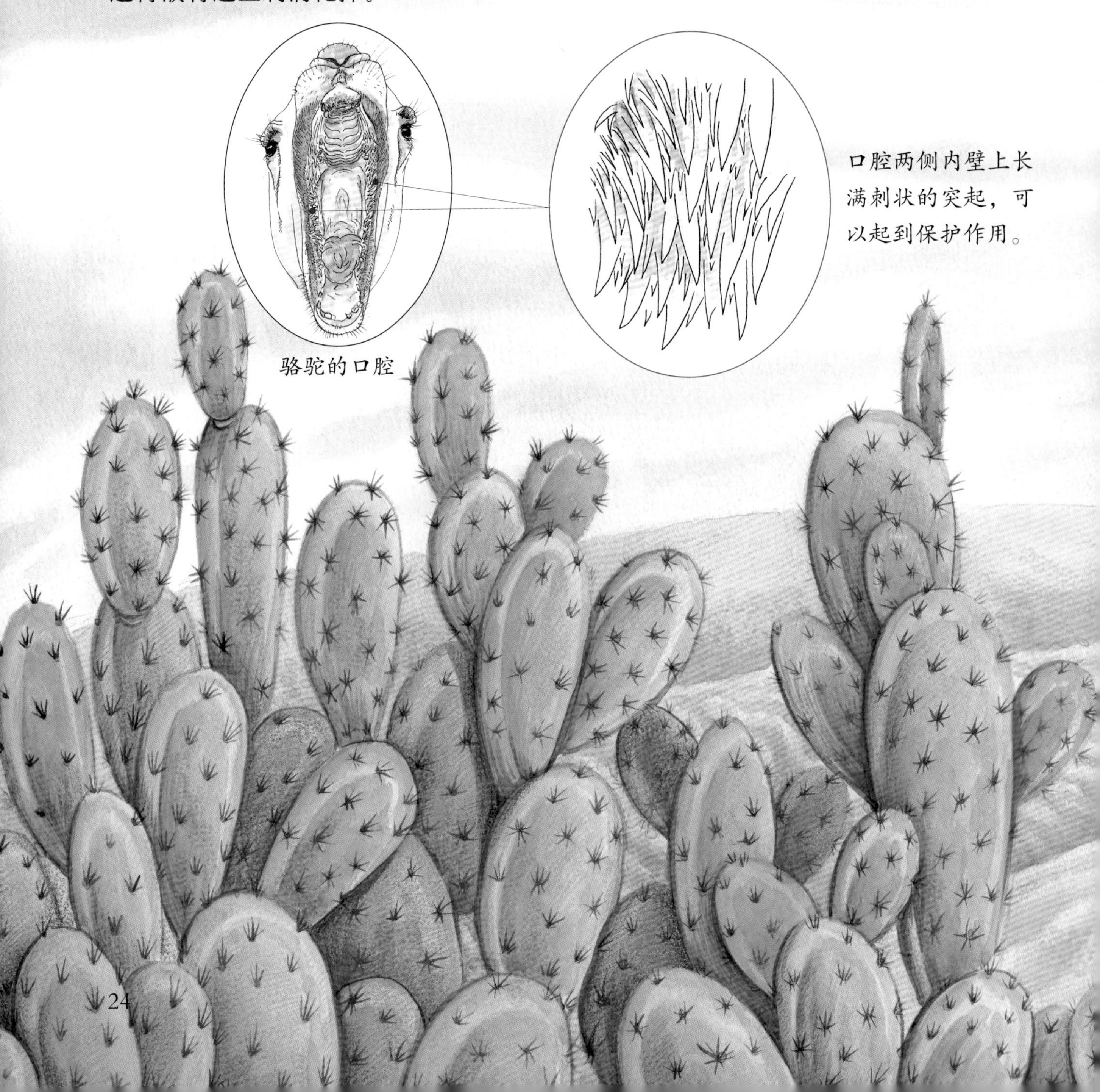

骆驼的口腔
口腔两侧内壁上长满刺状的突起，可以起到保护作用。

我的口腔结构很特殊，这种刺难不倒我。
仙人掌有刺，不怕！
探索早知道
骆驼吃东西时，速度很快，几乎不加细嚼就咽下了。等到它们有时间休息时，会把胃里的食物反吐到嘴中再次细嚼，这叫反刍（chú）。所以休息时骆驼的嘴总是在不停地动，就是这个原因。

为什么骆驼能在荒漠中找到水？

骆驼的嗅觉受体基因虽然没有人类的多，但对水和植物的嗅觉十分灵敏，甚至能发现20千米外的水源，比狗都要强上很多，这是为什么呢？科学家们发现，土壤中有一种霉菌，能散发出一种特别的、像潮湿泥土的味道。在干旱的沙漠戈壁中，只有在含有水分的土壤里才能滋生出各种菌类，也包括这种霉菌，于是骆驼依靠灵敏的鼻子，跟随着这种特殊的气味就能找到水源。也有人认为骆驼先天的遗传记忆很好，能够记忆水源的位置，但如果环境的变迁过大，和骆驼记忆中的不一样了，它们也很难找到水源。

沙漠中死去的骆驼多半是因为极度缺水。千万不要靠近这种骆驼的尸体，因为它们的身体会因内部产生气体而膨胀起来，有时甚至会爆炸哦。

找不到水的骆驼真可怜。

骆驼可以凭借灵
敏的嗅觉和丰富的经
验寻找水源。实在缺水
时，它们也可以喝又
苦又咸的盐碱水。

骆驼家族有哪些成员？

骆驼主要分为有峰和无峰两大类。有驼峰的有 2 种，即骆驼属的单峰驼和双峰驼。无驼峰的有 4 种，即驼羊属的原驼、驼羊和羊驼，以及骆马属的骆马。

野骆驼生活在我国西北地区及蒙古。双峰较小，并且双峰间距较大。野生，数量稀少。

单峰驼生活在北非和亚洲西部及南部。体形高大，四肢细长，单峰，毛卷曲而短。人工养殖。

虽然野生的单峰驼早已灭绝，但澳大利亚引进的家养单峰驼，已在当地的荒漠中演变成了野生种群。由于没有天敌，这些骆驼泛滥成灾，给当地带来了严重的生态问题。

有野生单峰驼吗？

家骆驼生活在亚洲较为寒冷的地区。四肢较粗壮，双峰，毛较厚。人工养殖。

骆马（野生小羊驼、瘦驼）

体形最小、比较原始的一种美洲驼类。结群生活在高山地区，野生，没有被驯化。

原驼（原羊驼）

家养羊驼的野生祖先，体形大小与驼羊相近。结群生活在高山、高原地区，野生，现也有部分人工养殖。

羊驼（家养小羊驼）

长相形似绵羊，浑身披毛，柔软细致，长而卷曲，是南美重要的毛用驼类，家畜。

驼羊（大羊驼、美洲驼）

是最大、最重的一种美洲驼类，毛比羊驼的要粗糙。能负重，是南美山区重要的家养驮畜。

野骆驼发现记

19 世纪 80 年代中后期，白俄罗斯探险家普尔热瓦尔斯基来到新疆罗布泊一带的荒漠草原考察，想捕捉珍稀的野马。他找啊找啊，有一天，突然在荒漠深处看见了几只动物……

?!
不是野马。是骆驼！
咦？那些是什么动物？不像野马，野马没这么高，是骆驼！！
双峰驼！它们怎么会出现在荒漠中？

他仔细分辨了一番，发现这些双峰驼和家养的双峰驼有很多区别，是真正野生的骆驼，而人们曾经认为它们已经在世界上灭绝了。

是家骆驼跑出来了？不对，看这身形、这驼峰，都不太像。
难道这是被人们认为已灭绝的野骆驼吗？野骆驼还在！！

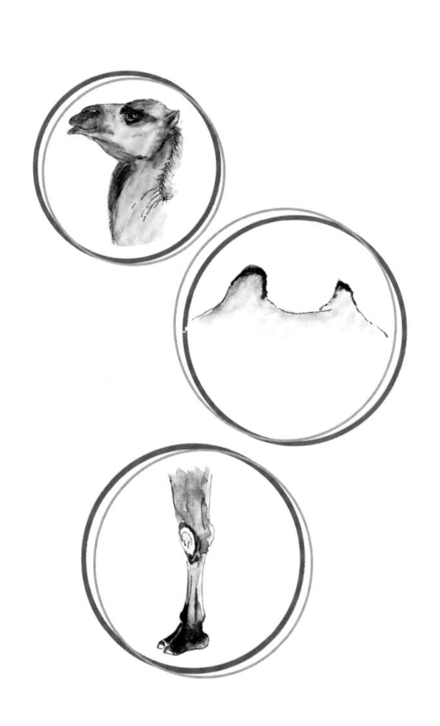

他的发现震惊了世界，后来的探险家在罗布泊一带发现了更多的野骆驼。野骆驼又重新回到了人们的视野中，但它们并没有得到很好地保护，反倒因为人们的猎杀和生态环境的持续恶化，数量变得越来越少。现在只在新疆、甘肃以及中蒙边境的一些戈壁荒漠中才能看到它们的身影，估计数量不足 1000 头，比大熊猫还稀少。

野骆驼生活的地区大多十分干旱荒凉，一般在又咸又苦的盐泉附近长着稀稀疏疏的荒漠植物。野骆驼能喝盐水生存，不过，如果有淡水的话，它们是不会喝盐水的。

荒漠中的野骆驼

啊？野骆驼比大熊猫还少！那它们会不会有一天真的灭绝了呢？

对啊，它们会灭绝吗？

现在我们国家建立了好几个野骆驼自然保护区，那里有水源，有野骆驼爱吃的青草，也没有猎人。野骆驼在保护区内能安心地生活，相信数量一定会多起来的。

探索羊驼家族

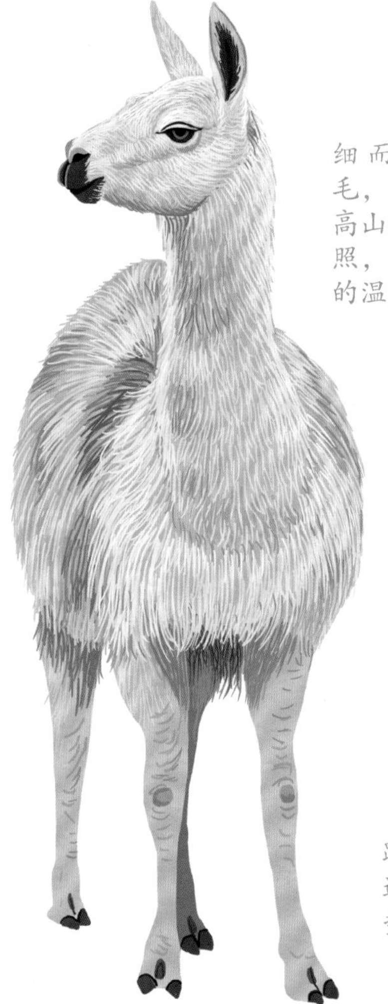

南美洲羊驼家族的特点

大约在300万年前，骆驼祖先中的一部分从北美洲南迁到了南美洲安第斯山脉一带。这里海拔高、气候寒冷、地势很不平坦，它们进化成了体形较小、身材苗条、没有驼峰又善攀爬的羊驼族。有驼羊（又叫大羊驼、美洲驼）、羊驼（又叫家养小羊驼）、骆马（又叫野生小羊驼）、原驼（又叫原羊驼）4种。现在，我们就来听一下它们的自我介绍吧。

4种驼的体形大小比较

驼羊

原驼

羊驼

骆马

（一）驼羊（大羊驼、美洲驼）

我是驼羊，也就是人们常说的大羊驼或美洲驼。在南美洲这里，我是最重、最大的驼中大哥。在马、驴、牛等大家畜来到南美洲之前，我是这里最重要的家养驮畜，能翻山越岭为人们运输货物，还能提供驼毛、驼肉和驼奶。对，我就是这样一种全能的驼，所以我的地位很重要。

耳朵长，形状似香蕉一样向内弯曲

脊背平直，能负重

脖长毛短

身上毛粗厚

驼羊是南美山区最重要的驮畜，能驮着 45 千克重的东西在山地上每天行走 26 千米。

驼羊和羊驼都有在固定地方排便的习惯，每个驼群都有一个自己的“公共厕所”。

驼羊还能被训练为其他家畜的看护者，能对入侵者又踢又咬，并进行口水攻击。

驼羊善于负重攀爬，但是不能当作成年人的坐骑。它们脾气比较暴躁，一生气就会向人吐口水或者踢踹。

（二）羊驼（家养小羊驼）

我是不是很可爱？我的长相有点儿像绵羊，浑身的毛发又软又有光泽，是南美最重要的驼毛生产者。用我的毛织成的纺织品早先被印加王室享用，而且由当时的贵族对我进行培育和选种。现在，我的天然毛色已有 20 多种，可以直接加工纺织，都不用染色了。我是不很厉害啊？

羊驼身上的毛可长达 60~80 厘米，柔软细密，比羊毛的质量更好，是南美重要的毛用家畜。

羊驼外表可爱，性格温驯，现在也成了小朋友的好伙伴。

（三）骆马（野生小羊驼、瘦驼）

我是骆马，生活在野外，是最原始也是最小的美洲驼类。因为我的驼绒轻软保暖，细滑有光泽，有“神之物料”的美称，所以长期遭受人类的捕杀，一度几乎灭绝。不过，现在我们成了受保护的秘鲁国宝，我们的形象还出现在国旗和国徽上呢。

骆马喜欢生活在高山区，身上的毛很厚，常常 5~15 只组成群，在雄骆马的带领下生活。遇到危险时，全群可以用每小时 47 千米的速度在高山上奔逃。

（四）原驼（原羊驼）

我叫原驼，是家养羊驼的野生祖先。我和伙伴们生活在南美的高原地区。我高大强壮，毛皮厚实，能应付这里严寒多变的气候。可不要把我和小骆马认错哦，我们可没什么关系。

一个世纪前，原驼在南美洲的数量还算多，但当时的人们认为它们是与羊群争夺食物的对手，就大肆捕杀它们，使得原驼数量迅速下降。现在，它们大多生活在国家公园里。

原驼在高山上也能奔跑自如，速度能达到每小时 50 千米。

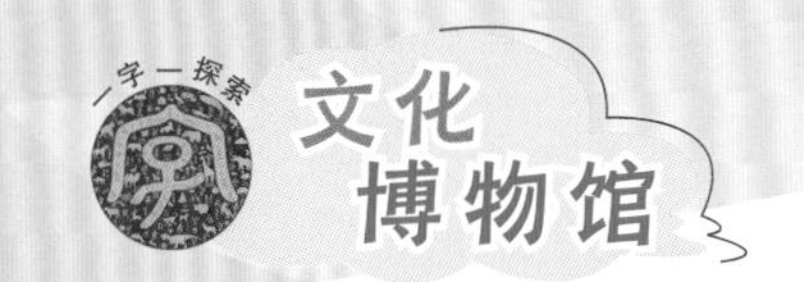

丝绸之路上的骆驼队

小朋友们知道丝绸之路吗？它是很早以前连接我国与中亚、西亚，并最后延伸到地中海各国的一条贸易通道。西汉时，汉武帝派张骞(qiān)出使西域各国后，我国便与这些国家开始了商贸往来，并渐渐形成固定的路线。因为当时我们的丝绸非常有名，也是输往其他国家的最主要的货物，所以人们就把这条路叫作“丝绸之路”。

丝绸之路要经过绵延千里的戈壁沙漠，条件十分艰苦，像马、驴等这些当时常用的驮畜都无法顺利通行。只有西域的骆驼既能耐渴耐饿，又能应对沙尘风暴，还能背着二三百千克重的货物在沙地上如履平地，于是便成了丝绸之路上的主要运输工具。可以说，骆驼为东西方的交流立下了很大的功劳。

探索 早知道

秦汉时期的商人还开辟了海上商道，经过几百年的发展，在唐宋时形成了一条长约 1.4 万千米、途经 100 多个国家的海上贸易路线，也是当时世界上最长的远洋航线，人称“海上丝绸之路”。

唐三彩

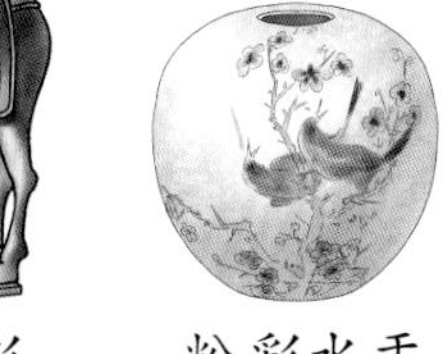
粉彩水盂

掐丝珐琅花觚

沿丝绸之路寻宝

我国的丝绸、金银器、陶瓷、铁器等沿着丝绸之路源源不断地运往西域各国，而西域各国特有的一些物产，也由一队队骆驼运到了国内，进入了我们的生活。以前，我们称呼西域人为“胡人”，所以一些外来物品的汉语称呼里常常带有“胡”字，如胡麻、胡桃等。现在，我们一起来看看，有哪些我们熟悉的东西是沿着丝绸之路来的呢？

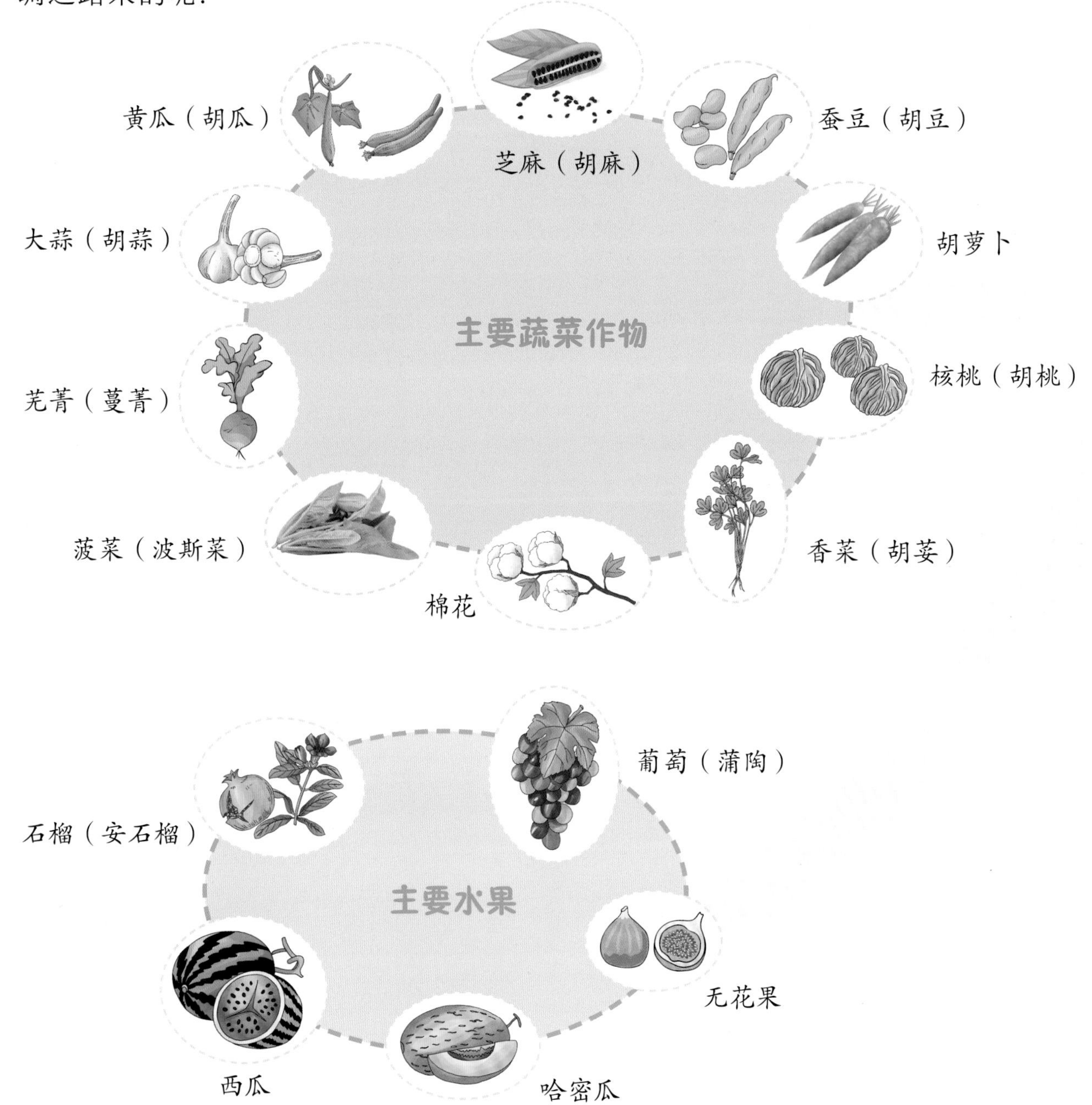

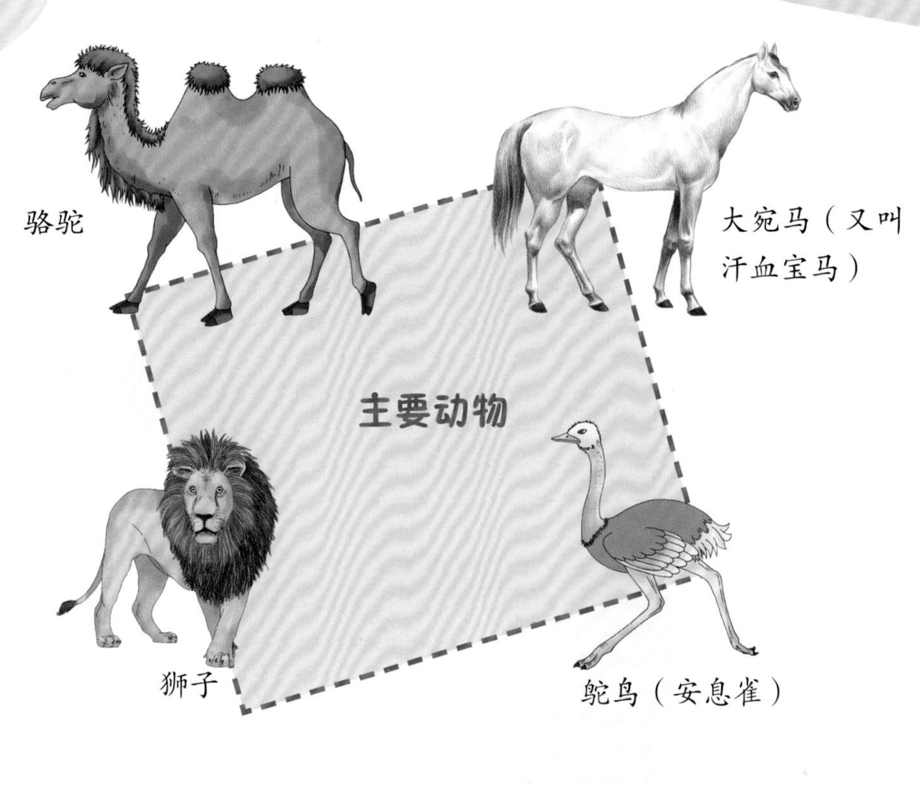
骆驼
大宛马（又叫
汗血宝马）
主要动物
狮子
鸵鸟（安息雀）

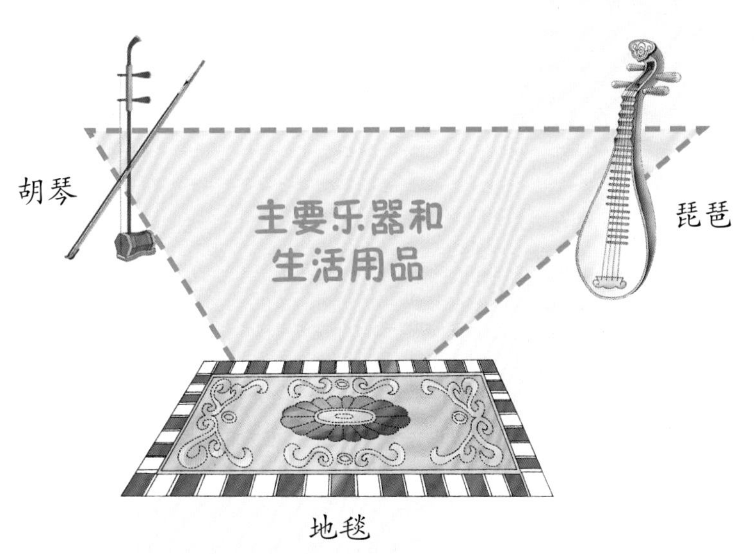
胡琴
主要乐器和
生活用品
琵琶
地毯

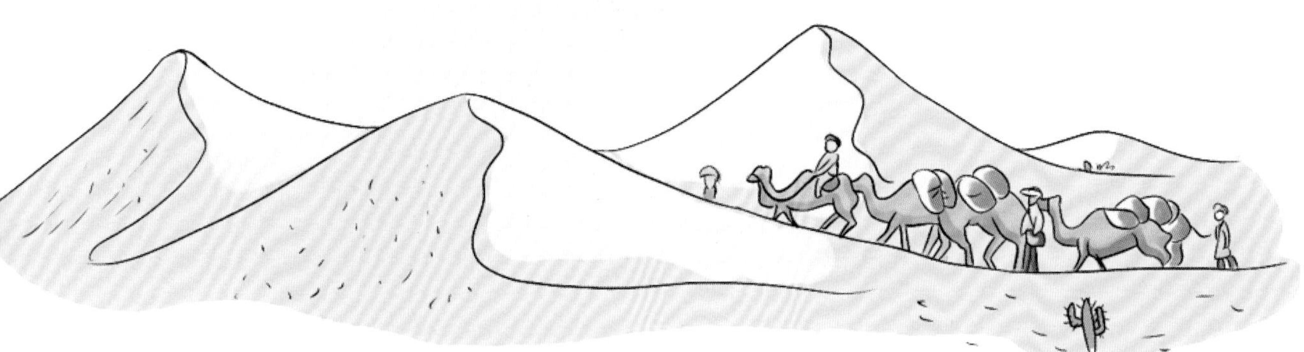

多姿多彩的骆驼比赛

一、蒙古族赛驼会

内蒙古的阿拉善盟是我国非常有名的“骆驼之乡”，养殖的骆驼数量占到了全国骆驼总数的三分之一，有着5000多年驯养骆驼的历史和丰富的骆驼文化，这其中最有特色的就是赛骆驼了，也就是骆驼赛跑。

赛驼会通常在冬季举行，不仅有内蒙古的参赛者，还有宁夏、青海、甘肃、新疆等地的养驼高手云集于此，一决高下。赛骆驼场地会选在平坦开阔的草场，赛程有长

有短，大多为 10~20 千米。赛驼之前会举行祭祀仪式，身着盛装的选手们骑着骆驼围着点燃的香炉台顺时针转 3 圈，祈求好运。

比赛时，赛手们骑着骆驼，在起跑线排成一行。等裁判员发令后，便手挥鞭子驱驰骆驼快速奔跑，先到终点者为胜者。有的会在赛途中放置箭靶进行射箭比赛，以中靶的多少定胜负。现在，除了传统的越野赛驼，还有场地赛、接力赛等各种赛驼形式，以及像马球那样的驼球比赛。小朋友们如果有机会，一定要来感受一下赛驼会热闹的气氛哦。

少年儿童也被允许参加赛驼比赛，但他们乘骑的大多是两三岁的幼驼，还会配上五颜六色的绸带，非常好看。

赛驼会前，还会举行传统的祭祀仪式，保佑大家平安吉祥。

二、国际赛驼大会

在埃及每年都要举办国际赛驼大会，参赛的主要是周边阿拉伯国家的单峰驼。在中东地区的阿联酋等国，赛驼已成为一项正式的运动项目，并植入了很多现代和高科技元素：专用的赛驼跑道，每年 10 月至次年 3 月为一个赛季，由小小的机器人代替骑手。赛驼时，骆驼的主人会乘着车在赛道旁的专用道路上和自己的骆驼选手并驾齐驱，并且用语音遥控器给骆驼背上的小机器人下达指令，五颜六色的小机器人通过挥动特制的小鞭子，指挥骆驼前进。

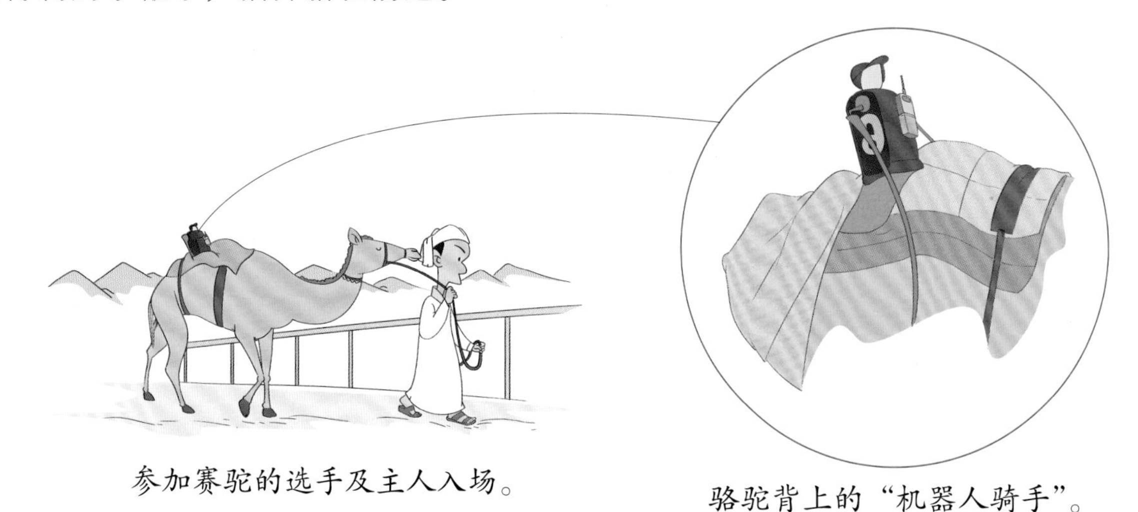

参加赛驼的选手及主人入场。

骆驼背上的“机器人骑手”。

骆驼比赛的赛程通常为 4~10 千米，虽然骆驼奔跑的时速可以达到 60~70 千米，但取胜的关键在于耐力而非速度。

三、骆驼选美大赛

阿拉伯国家每年都会举行骆驼选美大赛，上万头单峰驼汇聚一堂，争当“世界上最美的骆驼”。获奖的骆驼能给它们的主人带来巨额奖金和无上的荣誉，自己的身价也会涨到百万美元以上。随着骆驼选美比赛的奖金越来越丰厚，有些骆驼主人为了获胜，会给骆驼做美容，有的还会违规偷偷给自己的骆驼整容或打美容针，这种行为一旦被发现，相关骆驼就会被取消参赛资格。

选美大赛获奖者

美骆驼的标准

我国内蒙古一些地区也有骆驼选美大赛。

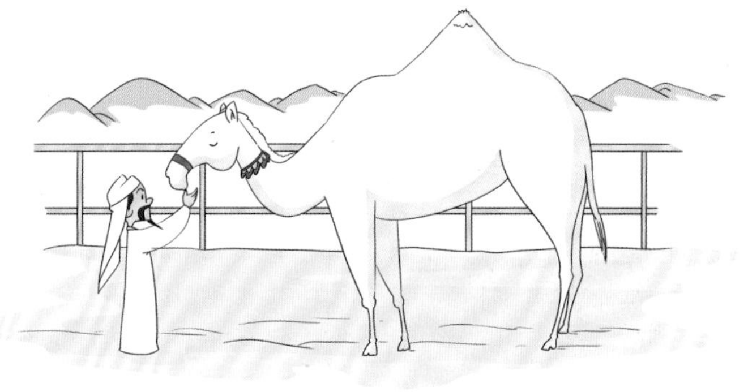

参加选美的骆驼如果获胜，可以给主人带来巨大的财富和荣誉。

名诗中的驼

凉州词（其一）

唐·张籍

biān chéng mù yǔ yàn fēi dī
边城暮雨雁飞低，

lú sǔn chū shēng jiàn yù qí
芦笋初生渐欲齐。

wú shù líng shēng yáo guò qì
无数铃声遥过碛，

yīng tuó bái liàn dào ān xī
应驮白练到安西。

碛：指沙漠

白练：指丝绸

译文 边城黄昏的落雨中雁群低低飞过，初生的芦苇正在努力地生长。一串串驼铃声在遥远的荒漠中响起又远去，本应是骆驼队驮运着丝绸前往安西。

诗意 唐朝安史之乱后，吐蕃族趁唐朝力量空虚，大兴兵马，东下占据了西北凉州等几十个州镇。在这首小诗中，诗人回想起繁荣时期的丝绸之路，往来的骆驼商队络绎不绝，而如今安西已被吐蕃占领，丝绸之路受阻，骆驼队也不能再运丝绸前往西域交易了。

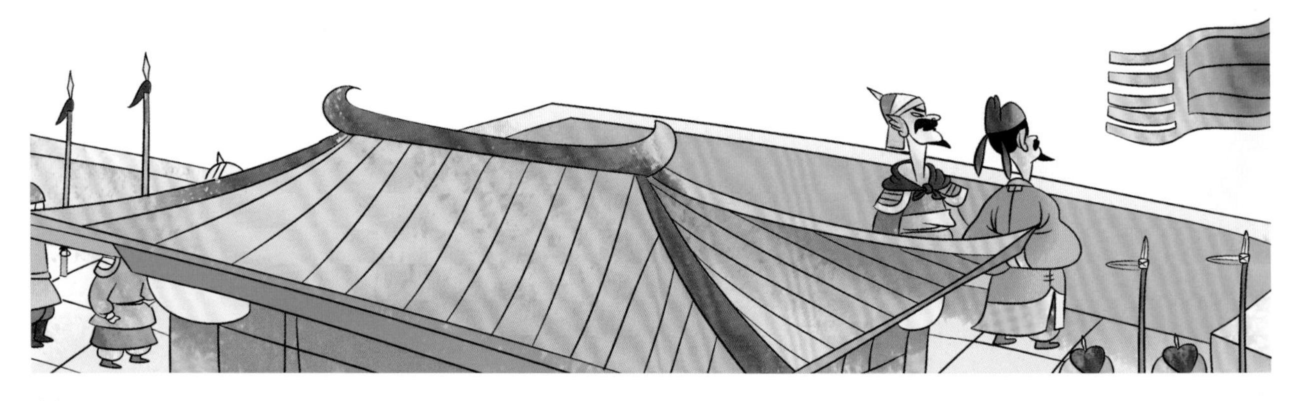

名画中的驼

《天山积雪图》

清·华喦

这是清代大画家华喦(yán)的名作。天空中阴云密布，仿佛暴风雪就要来了。披满积雪的山峰陡峭直立，气势逼人。身披红斗篷的旅人正牵着一头瘦驼前行，听到天边一只孤雁的哀鸣，人与驼都不由停下脚步，抬头仰望，似乎也思念起了远方的家乡。

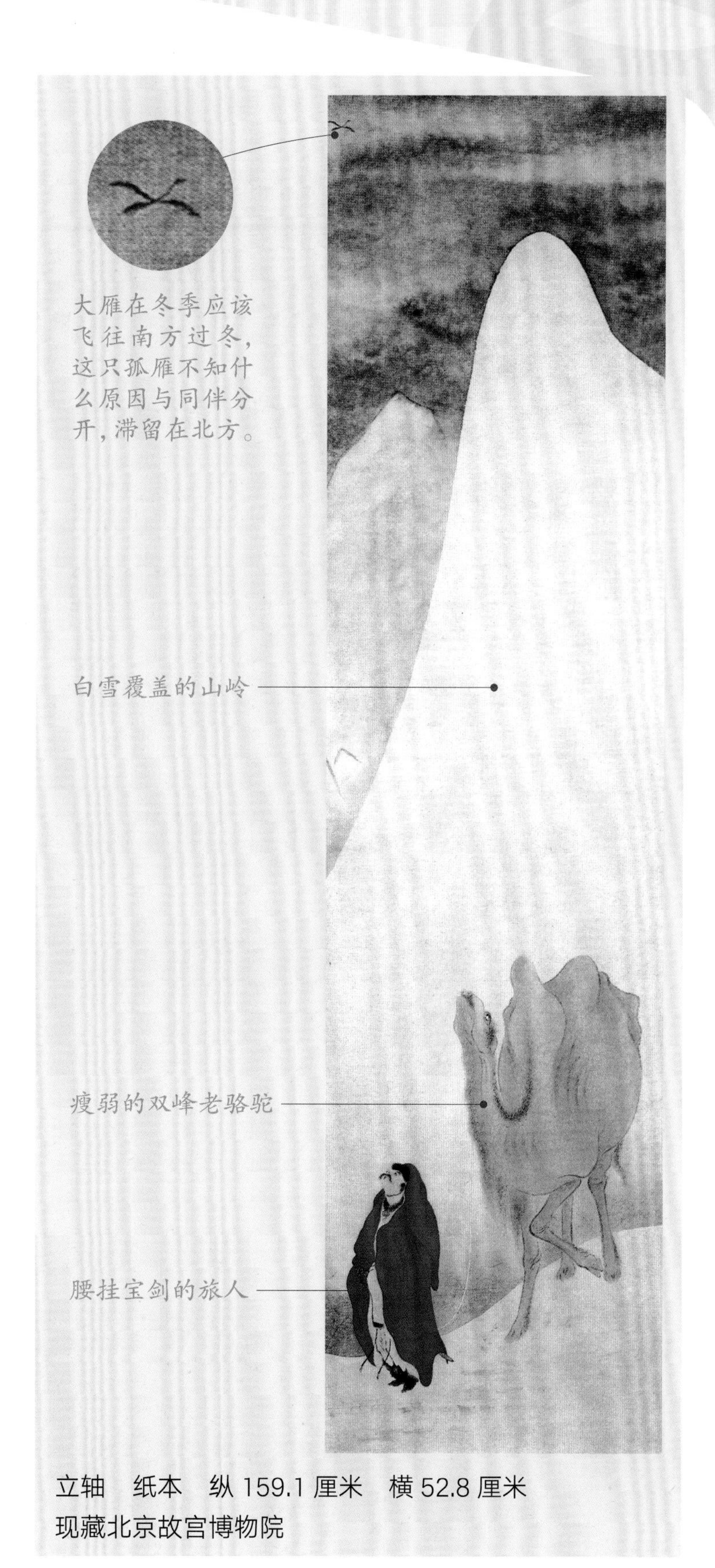

大雁在冬季应该飞往南方过冬，这只孤雁不知什么原因与同伴分开，滞留在北方。
白雪覆盖的山岭
瘦弱的双峰老骆驼
腰挂宝剑的旅人

立轴　纸本　纵 159.1 厘米　横 52.8 厘米
现藏北京故宫博物院

成语故事中的驼

悬驼就石

从前一个穷人为国王做事，因劳累身体虚弱，国王怜悯他赏给他一头死了的骆驼。他把骆驼放在院子里，打算剥皮取肉。可是手里的刀没用几下就钝了，他不得不跑到楼上，用那里的一块磨刀石来磨刀，这样来回折腾了几次，腿都跑累了。

他费了半天劲儿，想出了一个办法。他用绳子把骆驼绑好，使劲又拉又拽，费了好大的力气，才把骆驼吊到楼上窗边。他擦着汗，美滋滋地想着，这样自己就可以一边磨刀一边剥皮啦。

有过路人看见他这样给骆驼剥皮，不由大笑起来。因为明明他只要

把那块磨刀石拿到楼下，放在骆驼旁边就能随时磨刀了，没想到却干出这么费力气的事。

你笑话我干什么?
哈哈哈

故事小启示

现在人们常用“悬驼就石”来比喻花了很大的力气却收获很少。我们平时在做事时，要注意方式方法，有时换一种方法，就会让事情变得十分容易。

荆棘铜驼

汉代，在都城洛阳的皇宫外，有一对铜铸的骆驼，雕刻得十分精美，它们见证了洛阳城的繁华富贵。后来的西晋也定都洛阳，权贵们生活腐败，整天只知道争权夺利，互相攀比。当时有一个名叫索靖的人很有远见，认为这样下去，西晋会很快衰亡，但他无力改变这一局面，心中十分郁闷。有一天，他路过洛阳宫外，看到那两尊精美的铜驼，不由叹息：“也许有一天，你们将卧伏在荆棘荒草丛中无人问津吧？”

索靖的预言果然应验了。西晋发生了长达 16 年的内乱，各方争战不休，洛阳也遭到了严重破坏，这一对铜驼也被毁坏，倒卧荒草之中，而索靖自己则在保卫洛阳的战斗中受伤而亡。

哎！以前宫门外的铜驼都被毁坏了啊。

故事小启示

这对铜驼的悲惨命运是权贵们贪婪无度、争权夺利、祸乱天下所导致的，国家的败亡往往都是人祸造成的，我们一定要警醒。

驼的汉语乐园

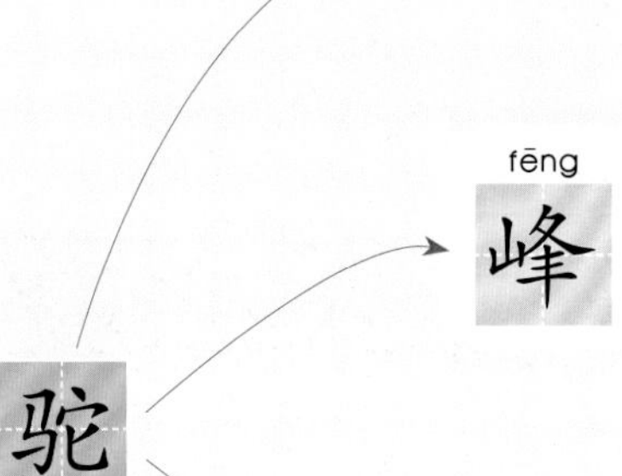

驼 bèi 背：骆驼的脊背。也指人的脊柱弯曲，大多是因为年老后脊椎变形或不良姿势以及某些疾病引起的。

驼 fēng 峰：骆驼背部突起像山峰的部分。

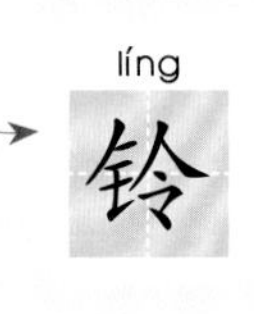

驼 líng 铃：系在骆驼脖子上的铃铛。主要用于商队的骆驼。

驼 sè 色：像骆驼毛一样的浅棕色。

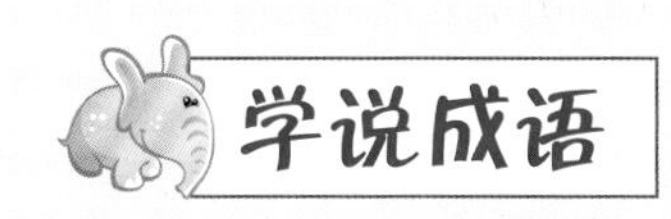

荆棘铜驼（jīng jí tóng tuó）

旧时宫前的铜骆驼被弃于荒草荆棘中。形容国土沦陷后残破的景象。铜驼：铜制的骆驼，古代置于宫门外。

悬驼就石（xuán tuó jiù shí）

把死骆驼吊到楼上的磨刀石旁。比喻用力多，得益少。就：接近、靠近。

学说谚语

南人不梦驼，北人不梦象

南方人不会梦到北方的骆驼，北方人也不会梦到南方的大象。指人梦到的东西不会脱离个人的生活经历。

瘦死的骆驼比马大

骆驼的体形和骨架要比普通的马大得多，即使饿死了，骨架也比马大。多用来比喻大户人家即使败落了，也比普通人家日子宽裕。

学说歇后语

见了骆驼说马肿背——少见多怪

原指人不认识骆驼，以为是肿了背的马。比喻人没有什么见识，遇到不常见的事物就感到奇怪。

沙漠取水小实验

咪宝和汪宝骑着骆驼去沙漠探险。烈日炎炎，可它们骑的这头笨骆驼，不仅偏离了路线，还将它们珍贵的水袋也弄丢了。这下该怎么办呢？小朋友们，现在你们和爸爸妈妈一起用简单的材料做做以下小实验，看看能不能给咪宝和汪宝取到水。

实验材料

小铲子、杯子、薄膜、小石子。

实验步骤

1. 用小铲子在有太阳光照射的沙地上挖一个坑。

2. 在坑底放入可以盛水的杯子，然后用薄膜把坑口罩起来，并且用小石头或沙子将塑料膜边缘密封好。

3. 在薄膜中间放一颗小小的石头，让薄膜下陷的同时也不会破裂，也使小石头悬在杯口上方且接触不到杯子。

4. 等太阳照射一段时间后，会看到什么呢？

没有水该怎么办？

实验结论

啊！杯子里有水啦！即使干燥的沙子里也含有水分，太阳的热量把这些水分蒸发了出来，而包裹着的薄膜让水蒸气跑不出来，只能凝结在薄膜上，形成了水珠，最后滑落到杯子里啦。薄膜中间放置的小石头就是为了将水珠向下集中，然后落到杯子里。

谁会陷进沙子里呢？

小白马和小骆驼分别驮着相同重量的东西一起走进沙漠里。哎呀，小白马的蹄子陷进沙子里了，使劲拔啊拔啊，最后把背上的东西都扔在地上才拔了出来。而小骆驼却悠闲地在沙地上走着，一点儿都没陷进去。这是为什么呢？

现在我们就实验一下吧！

实验材料

装满沙子的盆

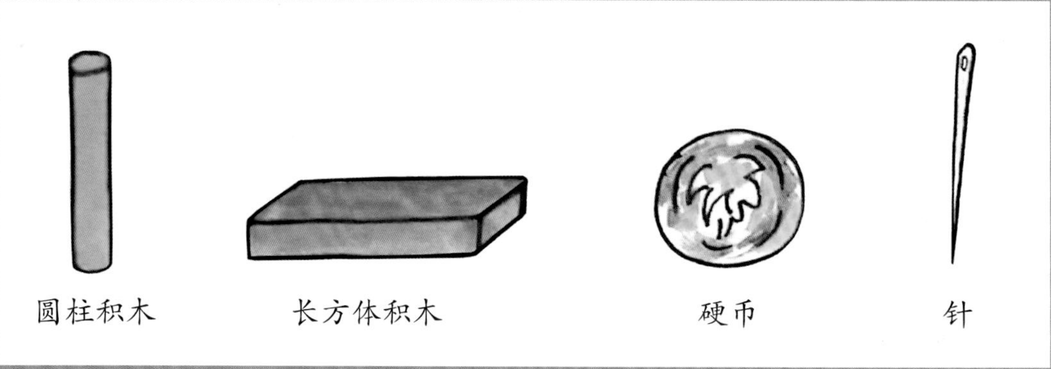

圆柱积木　长方体积木　硬币　针

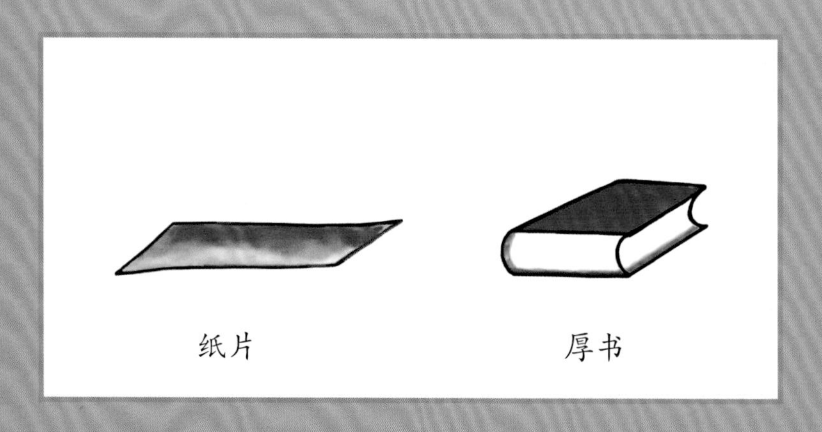

纸片　厚书

实验一

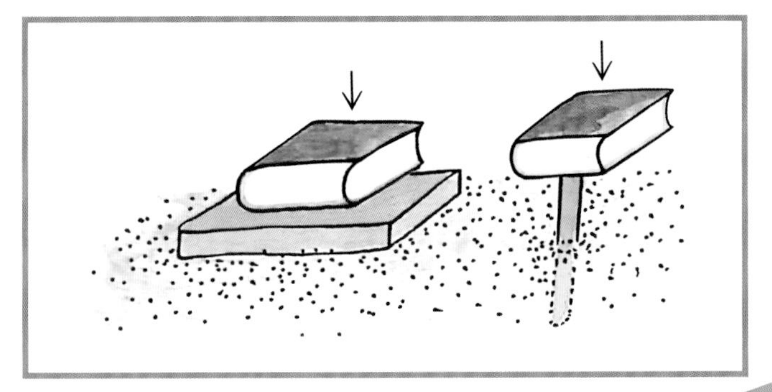

首先把长方体积木横放、圆柱积木竖放在装满沙子的盆里，然后把厚书分别放到圆柱积木和长方体积木上，观察哪块积木陷进沙里比较深。

实验二

分别用一根手指和整个手掌接触盆中的沙子，施加相同的力，观察二者哪个陷进沙里比较深。

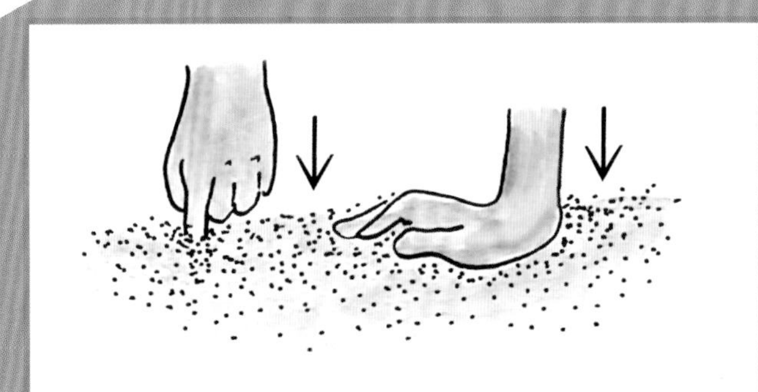

实验三

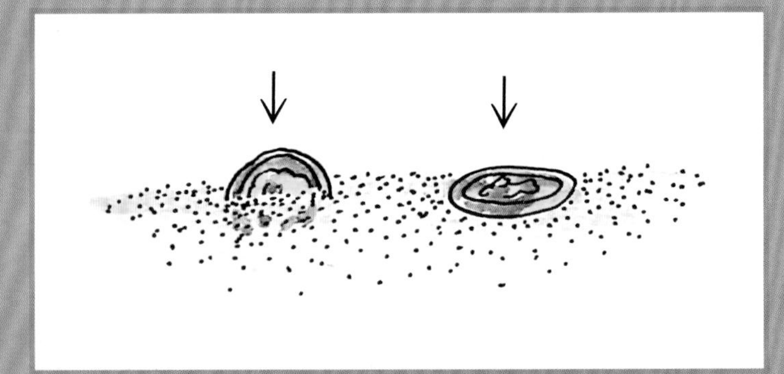

两枚硬币分别竖放和平放在沙子上，给它们施加相同的力，观察哪枚硬币陷进沙子里比较深？

实验四

把针竖放在沙子上，同时把放在纸片上的厚书平放在沙子上，再给二者施加相同的力，观察二者哪个陷进沙里比较深。

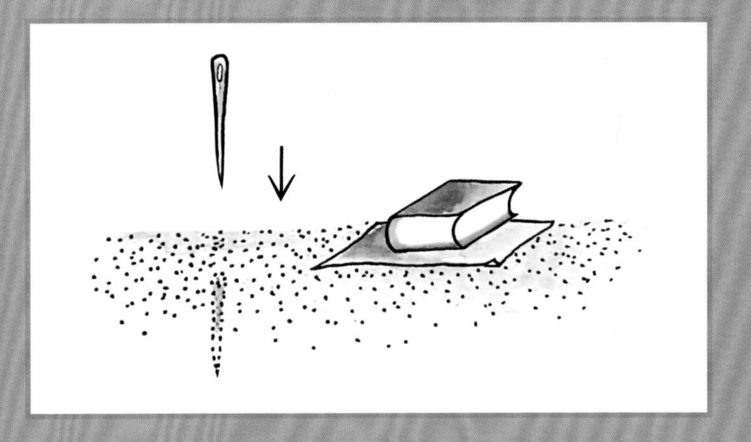

实验结论

通过上面4个实验，大家是不是发现了：与沙子接触面积越大的物体越不容易陷入沙子。骆驼的大脚掌与沙子的接触面积大，所以它们不容易陷进沙子里。

骆驼知识大挑战

1. 骆驼的驼峰里贮存的都是(　　),所以它们能长时间在干旱的沙漠中行走。

   A. 水　　B. 脂肪　　C. 肌肉

2. 骆驼的鼻孔（　　），所以它不怕风沙。

   A. 很小　　B. 很大　　C. 能自动开合

3. 骆驼在休息时不停地活动嘴唇，是因为它们在（　　）。

   A. 向主人要吃的　　B. 反刍以前吃的食物　　C. 喘气

4. 骆驼驮着重东西，不会陷进沙子里，是因为（　　）。

   A. 脚掌又宽又厚　　B. 它们会挑硬的地方走　　C. 它们的体重很轻

5. 骆驼是靠（　　）才能在干旱的沙漠中找到水的。

   A. 嗅觉　　B. 大声叫　　C. 吐口水

6. 骆驼好几天没喝水了，见到水时，它会（　　）。

   A. 慢慢地喝　　B. 喝得很快　　C. 喝一口停一下喘气

骆驼知识大挑战答案

1 B　2 C　3 B　4 A　5 A　6 B

词汇表

戈壁（gēbì） 是指表面主要由砾石覆盖的荒漠。戈壁地区一般地域宽广，因经常刮大风，地面的土和细沙被风刮走，所以只剩下砾石铺盖。

荒漠（huāngmò） 因为长时间干旱所形成的一种荒凉的地貌景观，包括沙漠、戈壁等。荒漠地区的年降水量很少，风大，能生存在这里的动物和植物都很少。

沙漠（shāmò） 是指表面主要被细沙覆盖的荒漠，约占地球陆地面积的五分之一以上，十分荒凉，在风的作用下，会形成起伏的沙丘。

驼峰（tuófēng） 骆驼背上隆起的部分，就像小的山峰一样，里面贮存着大量脂肪。

肉垫（ròudiàn） 是由脂肪和大量带有弹性的纤维组成，此处皮肤也比别处厚。很多动物的脚掌底都有肉垫。

脂肪（zhīfáng） 存在于人和动物的皮下组织中及花生等植物果实中的一种物质，能储存能量。

眼睑（yǎnjiǎn） 即眼皮，是眼睛外部可以开合的皮肤部分，分上眼睑、下眼睑。

毛毡（máozhān） 动物的毛紧密纠结在一起，成为不易分解的一块。人们常用羊毛等动物毛发经过黏合制成毛毡，用来做玩偶、洋娃娃等，还能做密封、减震等材料，用途很广泛。

反射（fǎnshè） 这里指光波遇到障碍物（沙漠的地面）而回折的现象。

咀嚼（jǔjué） 指用牙齿（尤其是后面的臼齿）磨碎食物。也比喻反复体会某些话或文字。

霉菌（méijūn） 是一种真菌，很微小。例如放久的食物发霉，就会长出青色或黑色的斑点，颜色来自霉菌产生的孢（bāo）子，有绿、黑、红等各种颜色，它们可以在空气中到处传播。

驮畜（tuóchù） 专门用来驮运东西的牲畜，如马、驴、骆驼等。

西域（xīyù） 汉代以后对现在甘肃玉门关、阳关以西的地区的通称。

图书在版编目（CIP）数据

沙漠骆驼 / 小学童探索百科编委会著 ; 探索百科插画组绘 . -- 北京 : 北京日报出版社 , 2023.8

（小学童 . 探索百科博物馆系列）

ISBN 978-7-5477-4410-9

Ⅰ . ①沙… Ⅱ . ①小… ②探… Ⅲ . ①骆驼－儿童读物 Ⅳ . ① Q959.842-49

中国版本图书馆 CIP 数据核字 (2022) 第 192916 号

沙漠骆驼

小学童 . 探索百科博物馆系列

出版发行：北京日报出版社

地　　址：北京市东城区东单三条 8-16 号 东方广场东配楼四层

邮　　编：100005

电　　话：发行部：（010）65255876

　　　　　总编室：（010）65252135

印　　刷：天津创先河普业印刷有限公司

经　　销：各地新华书店

版　　次：2023 年 8 月第 1 版

　　　　　2023 年 8 月第 1 次印刷

开　　本：889 毫米 ×1194 毫米　1/16

总 印 张：36

总 字 数：529 千字

定　　价：498.00 元（全 10 册）
